中災防ブックレット

Safety2.0とは何か？

隔離の安全から協調安全へ

明治大学名誉教授
向殿 政男 著

中央労働災害防止協会

目次

本書は、二〇一八年の第七七回全国産業安全衛生大会（横浜大会）安全管理活動分科会（会場：パシフィコ横浜）にて行った講演「安全の新しい時代―機械と人間との協調安全（Ｓａｆｅｔｙ２・０）」の講演録に加筆したものです。

1　いま社会は変わろうとしている

はじめに

今日は、新しい技術の進展で、安全の、特に技術面から新しい方向に向かっていること、そして人、モノ、組織が変わりつつある潮目だという話をします。十年後、二十年後に振り返ってみると、今のこの時期がちょうど転換期だったのだと思えるような、技術的に新しい方向に社会が向いていると
いう話をしたいと思います。

ご存知のように現在、SDGｓ（持続可能な開発目標）（注1）とかSociety（ソサエティ）5・0とか、いろいろなことが話題となっていますが、これはICT（Information and Communication Technology）つまり情報通信技術の発展が、社会を変えつつあるということです。ほかにも、例えばドイツのIndustry（インダストリー）4・0もそうですし、経済産業省が言っているConnected Industry（コネクテッド・インダストリー）もその方向をいっています。いま、世界中でそちらに目を向けているし、技術開発が行われていて、社会は変わろうとしているということです。

図　ICT（情報通信技術）の発展が社会を変える？

日本のSociety5・0

上の図は、内閣府が出している、日本のSociety5・0についての説明資料です。「いまはこうだけど、将来こうなりますよ」という、夢を描いたものです。これは特に、IoT（Internet of Things：モノのインターネット）（注2）や、AI（Artificial Intelligence：人工知能）（注3）、ビッグデータ（注4）、クラウド（注5）といった、いろいろな最近のICTの技術の話をしていますが、例えば、この図の中で外側にある「これまでの社会」で、右上では、地域でお年寄りが一人、ポツンと生活せざるを得ないのに、社会が十分に対応できていないというときに、ドローンが物を運んできてくれる、というように、新しいイノベーションでいろいろなニーズに応えられるということを示しています。これはそういう夢のような時代が来ます

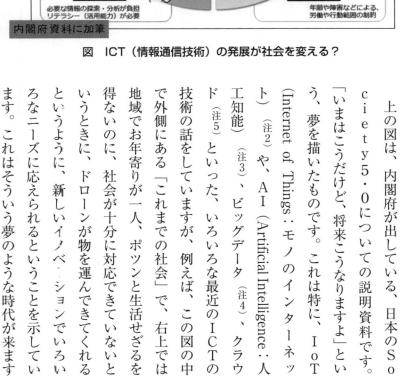

よということです。

右下は、これまでは、物を運ぶときに、若い人が走りながら本当に苦労しながら重い物を運んでいるのに、人手不足で困っているという時代であったのが、そのうちにロボットなどが物を取りに来て、自動的に運んで行ってくれるというような夢の時代が来ますよという絵です。左上のほうは、これまでは、情報や知識などが連携不十分で、頭の中がゴチャゴチャで自分でも何をやっているのかわかりにくかったものが、人もモノもお金も、ある意味で情報でつながり、非常にシンプルにいきますよという絵です。左下も、これまでは情報の整理や検索が大変で、グチャグチャになっているのに、分析の能力が必要なため、何もできないということがあったものが、ＡＩが出てきて、情報がきれいに分類できるようになるという絵です。

（注１）**ＳＤＧｓ**　Sustainable Development Goals の略。持続可能な開発目標。二〇一五年の国連サミットで採択された、地球環境に配慮しながら持続可能な暮らしや社会を営むための、各国政府から企業、個人にいたるまで共通した目標。「貧困や飢餓の根絶」「気候変動対策」「不平等の是正」など17の目標があり、二〇三〇年までの達成を求めています。
（注２）**ＩoＴ**　Internet of Things の略。モノのインターネット。建物や家電製品、乗り物など、さまざまなものがインターネットで接続され、情報を相互にやり取りすることを指します。
（注３）**ＡＩ**　Artificial Intelligence の略。人工知能。人間の脳が行っている認識や推論などをコンピュータで可能にするための技術の総称。
（注４）**ビッグデータ**　インターネットなどのネットワークを多くの人々が使用することに伴い収集されるさまざまなデータの巨大な集積。
（注５）**クラウド**　クラウド・コンピューティングの略。インターネット上の複数のサーバを用いて提供されるサービスを指します。

夢の社会の大前提は「安全」であること

今紹介したのはひとつの夢の社会ですが、図の右に書いてありますように、私は、こういう夢の社会ができる大前提は当然、安全であることだと思っています。安全が当たり前で、そのうえで初めて夢を描くべきだし、夢を描いたときには必ずリスクがあり、そのリスクをいかに抑えるかという安全の技術が必要だということを忘れてはいけないと申し上げたいと思います。また、このICTの技術を社会に向ければ「スマートソサエティ」、会社に向ければ「スマートインダストリー」、電話に向ければ「スマートフォン」と発達してきますが、私は、このICTを実は安全の実現に、安全機能の発揮に使えるし、使うべきだ、使わない手はないだろう。そうすると新しい時代が見えてくるという話をしたいと思います。スマートセーフティです。

昔を振り返りますと、ちょうど、コンピュータが世に出てきたとき、「コンピュータで安全を実現しよう」と提案した人がかなりいましたが、最初は強い反対がありました。「コンピュータのような怪しげなものに、ソフトウェアみたいなバグがいっぱいあるものに、安全なんか任せられるか！」と言っていた時代がありました。しかし、現在では、安全の重要な部分にコンピュータ、ソフトウェアが入ってきています。それが「機能安全」という分野です。

これと同じように、ICTを安全機能の発揮に使わない手はないだろうということです。このICTの発展によって、実は、安全の世界でも新しい時代に向かいつつあります。先ほど言った「潮目だ」というのは、こういう意味です。

2　安全の新しい時代

二つの流れ　①安全学

ここからは、安全の新しい時代の象徴、あるいは考え方は何かというと、一つが「協調安全」という安全の思想であり、それを実現する技術的側面が「Ｓａｆｅｔｙ（セーフティ）２・０」であるという話をしていきます。

ご存知の人もいると思いますが、協調安全という新しい安全の思想、考え方は、日本から出た発想です。そして、それを実現するための技術がＳａｆｅｔｙ２・０ですので、ぜひ覚えておいていただきたいと思います。皆さんは現場において、人で安全をどう実現していくか、機械設備で安全をどう実現するか、日々熱心に努力されていると思いますが、私は、きっとここで紹介する技術が皆さんの職場にも入ってきて、今まで無理をしていたものが、よりやさしく、簡単に、しかも安全が実現できる時代が来ると思っていただきたいのです。そして、ご自分の企業、ご自分の職場で、この技術がどのように使えるかということを、考えていただければと思います。

私がこの協調安全、Ｓａｆｅｔｙ２・０という考えに至ったのには、それだけの理由がありまし

＊ICT 技術の発展
⇒安全の新しい時代へ

＊安全の新しい時代の象徴
⇒それが**協調安全**、**Safety 2.0** である。

＊この発想に至った二つの流れがある
⇔ 安全学の発想
⇔ 機械安全技術の歴史

図　ICT（情報通信技術）の発展が社会を変える！

て、二つの流れがあります。

一つは、私は昔から「安全学」という提案をしています。安全の実現については、いろいろなことが言われています。「人の注意だけで実現できるものではない」とか、「規則、ルール、罰則でもってやればなんとかなるものだ」「いや、それだけではない」とか、「技術で安全を実現する」という考えもあります。

私は、これだけではうまくできないと考えています。安全というのは、人と技術と、そして制度・仕組み。この三つが一緒になって協働して、統一的に、協調してやらない限り実現できないんだと、そういう視点が大事だと思っています。その意味で、私は、安全についての学問（大学でいうと科目だとか、そういうもの）があってしかるべきだと思っています。しかし実際は、皆さんもご承知のとおり、大学でも、もちろん高校でも、安全については、体系的に教え

・安全は総合的な学問である

安全には、分野を超えた共通部分がある。多くの安全の分野に横串を刺して共通部分を見出し、それを体系化してすべての安全分野の共通概念とした基本原理を確立したい⇒**安全学**

安全に関する学問は、**技術（自然科学）**、**人間（人文科学）**、**組織・仕組み（社会科学）**を**総合して全体性と統一性をもった**分野横断的な学問体系である　⇒**安全学**

図　安全学について

られていません。それは、安全に関する学問がちゃんと体系化されていないからです。

電気は電気の安全、建築は建築の安全、化学プロセスは化学プロセスの安全、こういう個別の分野のものはそれぞれありますが、安全を全体的に、消費者安全も、原子力安全も、ある意味では食品安全もすべて含めたような、安全を体系的に取り扱う学問がないと私は思っていましたので、それはぜひ必要だと思って「安全学」ということを言っています。明治大学では、この安全学の公開講座を十数年行っていて、大勢の企業の方に受けていただいております。

「安全工学」でも、「安全科学」でもなく、「安全学」。これを作るべきです。安全にはいろいろな安全の分野があります。皆さんも、それぞれの企業も、いろいろな分野、いろいろな立場で安全に取り組んでおられると思いますが、私は、分野を超えた共通部分の安全があるはずだと思っていますので、「安全学」と言っているのです。

そこには、そもそも安全とはなんなのか、なんのために安全をやっていくのか、という安全の思想や安全の哲学というものがあります。そのもとで、どこの分野にも共通する仕組み、安全のやり方、人間の安全上のミスへの対応の仕方、安全の技術などを、「社会科学（からのアプローチ）」「人文科学（からのアプローチ）」「自然科学（からのアプローチ）」が一緒になって、安全を実現していくという学問体系です。こうした安全学という学問を作って、安全学のもとで、各人の役割や各分野の安全を考えよう。例えば、トップ（経営者）の役割もあれば、管理者の役割もあれば、現場の作業者の役割もある。また、原子力という分野の安全、製品という分野の安全、自動車という分野の安全などのいろいろな分野の安全を考えていこうということです。

このSafety2・0とか協調安全をやっていこうという考えに至ったひとつの理由は、この安全学にあります。いろいろな分野の人、いろいろな立場の人が協力して、自分の役割を自覚しながら、一緒になって考え、そしてそのためには、全体的な安全はどう実現されているのか、経営者はどう考えているのか、現場はどう考えているのか、管理者はどういう立場なのかも理解していくための安全学が必要だからです。そして、安全学があれば、ほかの分野で考えた安全の考え方や技術は、自分の分野でも使えるのではなかろうかと考えていくことが可能です。他業種、他業界に学べ、ということを考えますと、この安全学という発想が大事だと思っていたわけです。この安全学が、安全の新しい時代を作っていく推進力になるのではないかと思っています。

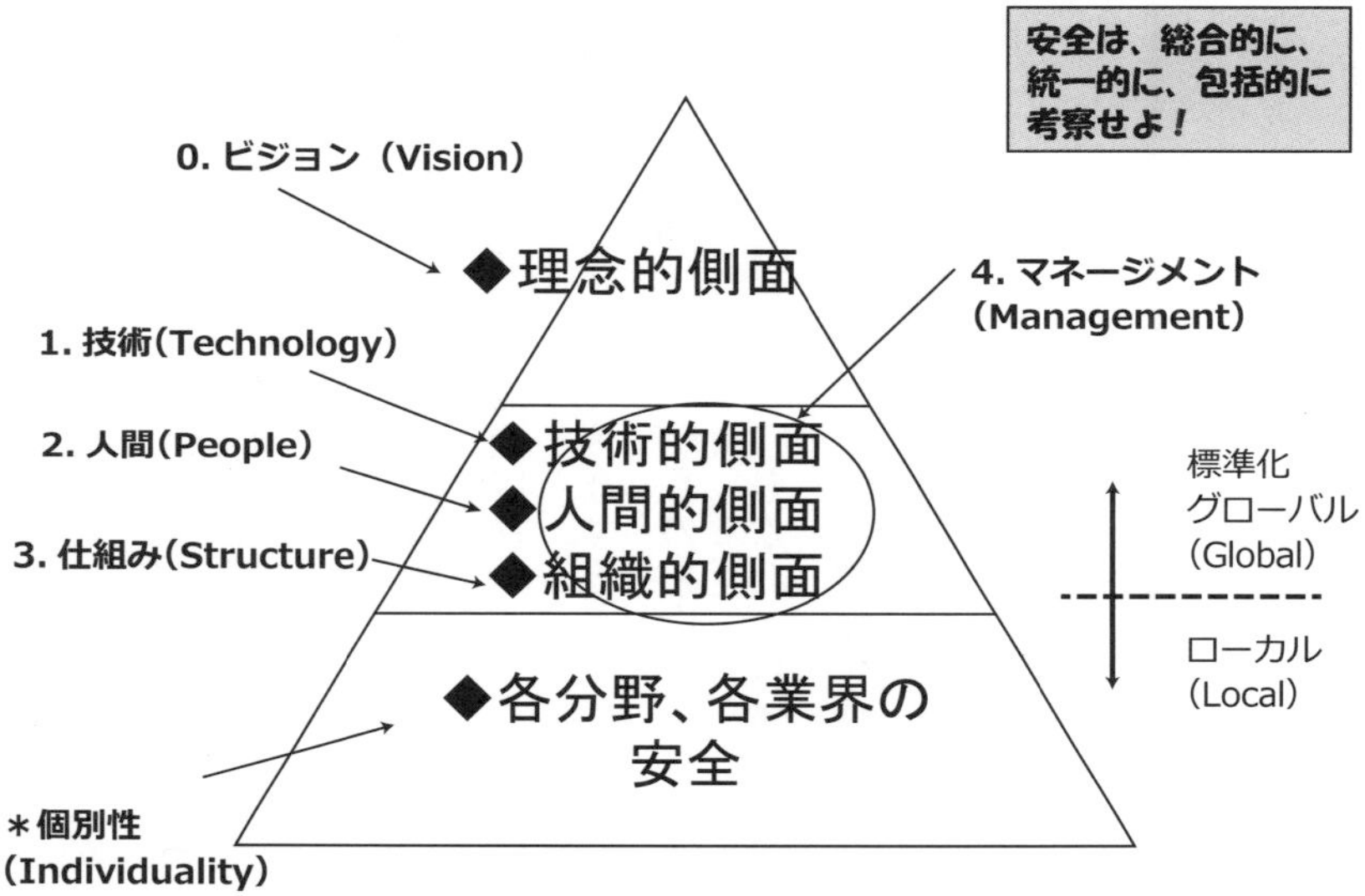

図　安全学（Safenology）からの発想

図の右上に書いてあるように、「安全は総合的に、統一的に、包括的に」まず考察するということです。この図の一番下の「各分野、各業界の安全」は、例えば自動車の安全、薬品の安全などです。その共通部分として理念的側面（ビジョン、思想）のもとで、技術に特化した側面、人間に特化した側面、組織に特化した側面―ここで組織的側面というのは社会科学のことをいっています―を、一緒になって管理してやろうということです。

上から一層目、二層目は安全学として横串を刺して、常識で誰でも知っている部分として、そのもとで各分野の安全がある。そうすると、Aという分野の安全の発想が、この第二層にもっていけば、一般的に受け入れられる記述になって、ほかでも使える。自分の一生懸命やった安全の技術は専門用語が出てきてわかりづらいけれど、共通にした形、一般形にして紹介すれば、ほかでも使える。こうなれば、ほかの分野にも安全を学んでもらうことができる。そのために共通の安全学というものがあってしかるべきだ、と考えます。私はこれを構築して、大学などで教えなければいけないと主張して、一生懸命やっているところです。これが一つ目の流れです。

二つの流れ　②機械安全技術の流れ

もう一つは、私は機械安全という分野に非常に長い間携わっていまして、機械安全の技術の流れを少し振り返ってみますと、次のように分類できるのではないかと思っています。

一番最初は、人間がものを作ったり、運んだりするときに、人間が注意して操作して、機械を使っていた時代です。しかし、機械は相当危ないんですね。危ない機械といっても、コストとか、機能だとか、性能だとか、機械を作る人間がいろいろなことを考えて一生懸命作ったものです。これを人間が注意して使う。このときの安全機能は人間が果たしています。「自分の身は自分で守る」というのが基本概念です。私の勝手な定義ですが、この時代（の安全技術）を「Ｓａｆｅｔｙ０・０」と呼ぶことにしたいと思います。

その次は、「そんな危ないものを人間に任せるのはうまくないだろう。機械側を安全にしよう」という時代です。機械設備をまず安全化して、残ったリスク（残留リスク）は、「ここにはこういうリスクがある」という情報を開示して、そして人間がそのリスク、危険性を意識（自分の身は

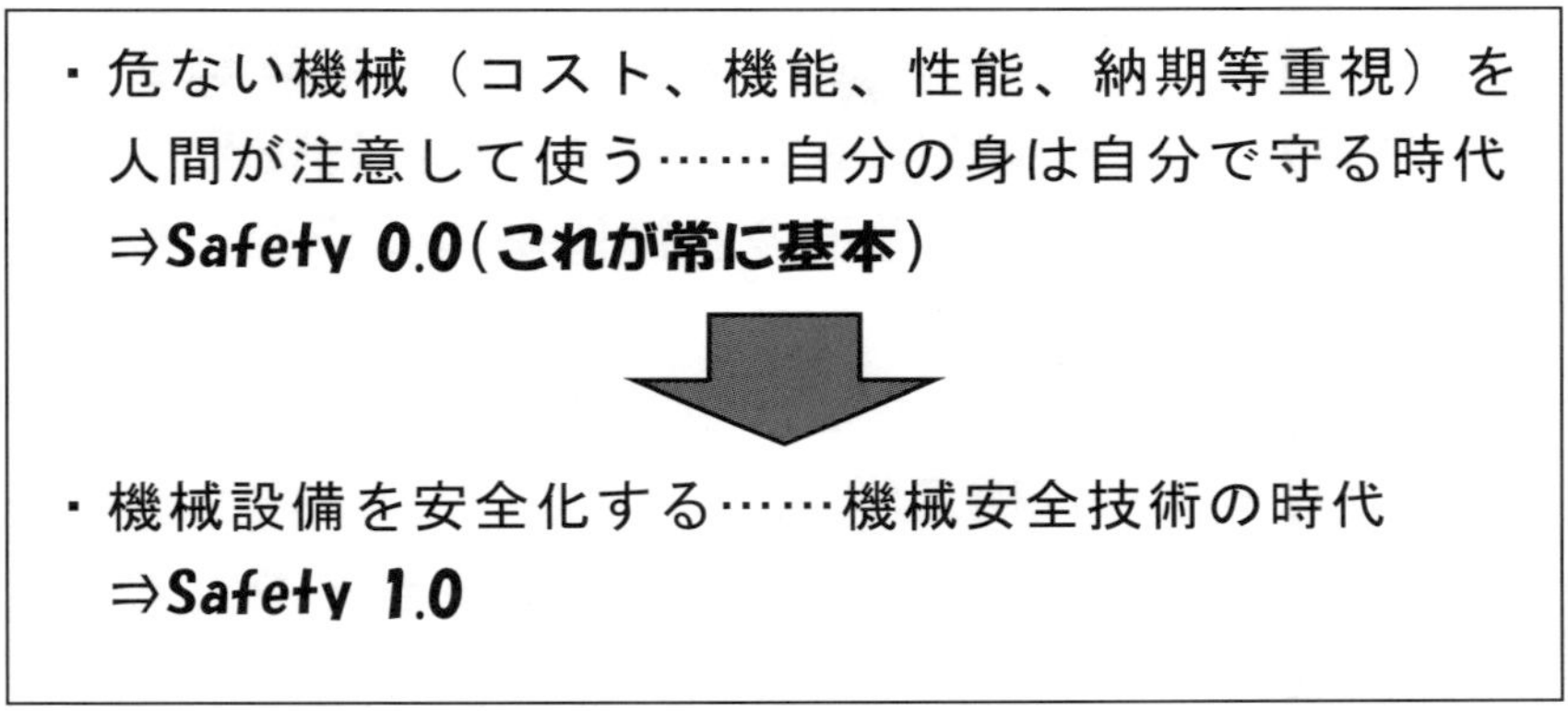
・危ない機械（コスト、機能、性能、納期等重視）を
人間が注意して使う……自分の身は自分で守る時代
⇒Safety 0.0（これが常に基本）
・機械設備を安全化する……機械安全技術の時代
⇒Safety 1.0

図　機械安全技術の流れ

自分で守る）しながら使うという時代で、この場合の安全機能は人間も担っていますが、その前に機械側、技術側が担っています。「機械安全の技術の時代」とも言えるでしょう。この時代（の安全技術）を、「Ｓａｆｅｔｙ１・０」と呼ぶことにしたいと思います。機械と人間が一緒に安全を実現する。現状はこの時代だと思っています。

しかし、このＳａｆｅｔｙ１・０の時代の中でも、流れを眺めてみるといろいろ進展しています。機械安全で一番大事なことは何かというと、「本質的安全設計」です。機械の本体そのもの、または施設設備そのものを、信頼性が高く、壊れないように、また万が一壊れても安全な形で壊れるように設計するという、構造と信頼性で安全を作っていくというのが本質的安全設計ですが、それだけではリスクを全部取り切れません。当然そこには「危なくなったら警報を発する」だとか、人間が近づいたらガードで止めるようにするという「安全装置」や、近づけないようにする「柵」だとかで対策をするといった時

・Safety 1.1：機械の構造に基づく安全：**本質安全**
・Safety 1.2：信頼性に基づく安全：**本質的安全**
・Safety 1.3：電気・電子の制御に基づく安全：**安全装置、制御安全**
・Safety 1.4：ヒューマンマシンインターフェースに基づく安全：**人間工学**
・Safety 1.5：コンピュータに基づく安全：ＰＬＣ、**機能安全**
・Safety 1.6：通信に基づく安全：**セキュリティ**

図　機械安全技術 Safety1.0の流れ

代があります。Ｓａｆｅｔｙ１・０の中でも、よく見ると１・１、１・２、１・３、１・４というふうにどんどん進んでいる。Ｓａｆｅｔｙ「１・０」と二桁にしているのはそういう意味です。

詳しくお話しするゆとりはありませんが、こうした進展には、安全装置や制御装置の発達や、人間工学（エルゴノミクス）的な発想による対策も入ってきますし、コンピュータを使った機能安全もここに入ってきます。最近ではネットワークでつながるようになってきていますから、コンピュータやネットワークの（情報）セキュリティということも機械安全の一部として考えないといけない時代になってきています。これが現状でして、大きく見て、Ｓａｆｅｔｙ１・０というふうに私は呼ぶことにしたいと思います。

それでは、Ｓａｆｅｔｙ１・０の時代の基本原理が何だったのか、何なのかをもう一度思い起こす

1．機械・設備のリスクを許容可能なリスク以下に抑え、かつ合理的な範囲内でできるだけ小さく抑える（ＡＬＡＲＰの原則）
2．残留リスクを開示する、使用上の情報を提供する
3．使用者は、残留リスクを意識して、訓練、組織、保護具等で自分で安全を確保する

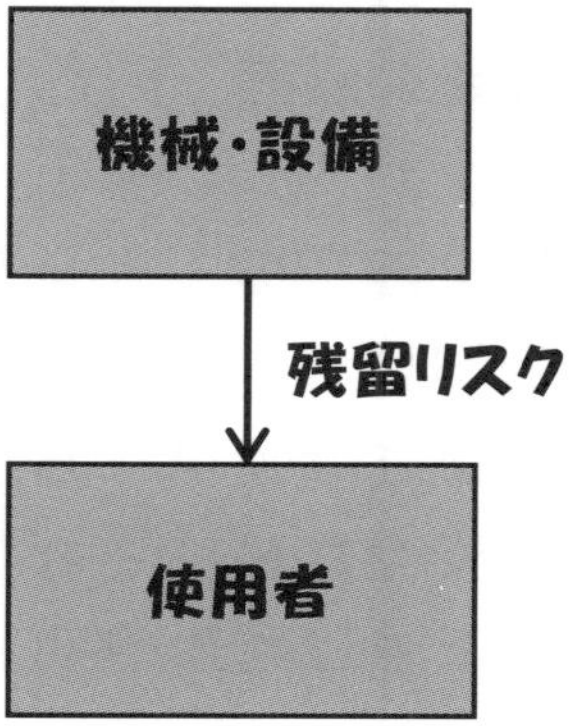

図　機械安全技術 Safety1.0の指導原理

ときわめて簡単で、「機械設備側をまず先に安全にする」ということです。これが非常に大事です。本質的安全をやってみたり、機械設備側に安全装置を付けて、できれば隔離の安全、停止の安全で、「人間がそばに寄る場合は機械は止めておけ。機械がエネルギーで動いているときは、隔離して近づけさせるな」という原理に基づいて、機械設備を安全化していく。残った残留リスクを人間（使用者）に情報提供して（「使用上の情報」といいます）、使用者はこれに基づいて、自分の身は自分で守る。

　ですから、上の図の左に書いてあるように、一番は機械のリスクを許容可能なリスクに抑えて、合理的な範囲内でできるだけリスクを小さくして（ゼロには決してなりませんから）、残留リスクを開示して使用上の情報として提供する。そして使用者は、残留リスクを意識して、ここにはこういう危ないものがあるから注意しよう、このリスクは大したこと

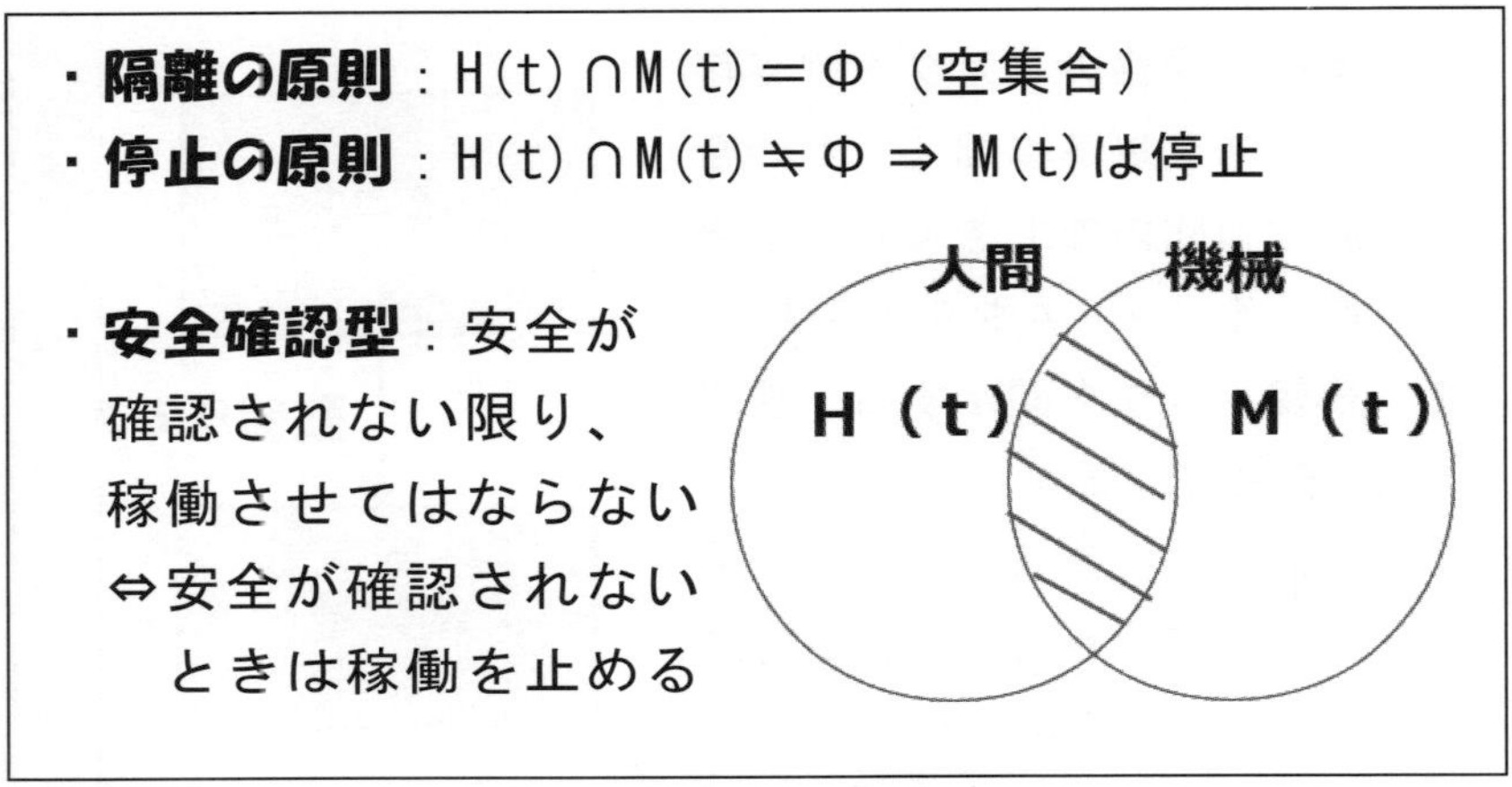
・隔離の原則：H(t)∩M(t)＝Φ（空集合）
・停止の原則：H(t)∩M(t)≠Φ ⇒ M(t)は停止
・安全確認型：安全が確認されない限り、稼働させてはならない
⇔安全が確認されないときは稼働を止める
人間
機械
H（t）
M（t）

図　機械安全技術の指導原理

はないからあまり気にしなくてよろしい、というようにして、自分自身で自分の身は守る。組織や訓練をしたり、マニュアルを作ったり、保護具を着けたりして注意して使う。これが現在のSafety1・0の時代の指導原理ですが、こういう考え方で行われてきたということです。

ここで、機械安全の指導原理について基本的なところをみておきましょう。一番単純なのは、「隔離の原則」で、エネルギーを持って機械が動いていると危ないので、その場合には人間は隔離して、フェンス等で仕切って近づけないようにするということです。そして、もし近づきたいという場合は、機械を止めて、エネルギーを止めて、停止してから人間が近づく。これが「停止の原則」です。基本的には隔離の原則と停止の原則です。例えばフェンス等で区切った場合、フェンスを開けようとしたとき、機械が動いていればロックが掛かって開かない、機械を止めたとき、はじめて

＊保守点検、修理、教示、……
・定常モードと非定常モードに分けて、非定常モードとして対応する
・エネルギーを小さくする、速度を落とす、・・
・熟練者にだけしか対応させない・・・

・管理に任せる安全（ルールと人間に依存）
・事故の多くは非定常状態で発生している

図　隔離・停止できない場合の処置

ロックが外れて人間が中に入れる、というインターロックのような構造が出てくるわけです。

そして、一番大事な発想は「安全確認型」といいまして、「安全が確認されていないかぎり、危ない機械を動かしてはいけない」ということです。逆に、安全が確認されなくなったときは、機械を止めるんだということでもあります。機械設備は自分自身を常にチェックしており、いまは私たち機械は安全が確認されている状態にいますよ、人間はそばにいませんよ、というときにフルスピードで動いて、人間が近づいたり、機械自身の調子が悪くなったりして安全を確保できなくなって危ないときは自動的に止まるという、こういう原則が、本来は隔離・停止のバックにあるはずです。

ところが、現実には確認もできない、停止もできない場合が当然たくさんあるはずで、保守点検するときには、止めてやるというのは基本ですが、ちょっと電源を入れておかないと、保守点検もできない、修理もできないと

いうことがあります。ロボットの腕を動かして教示するときも、エネルギーを持っていない限りできません。そうなると、エネルギーを持った機械と人間が一緒になって、仕事をしないといけないということになります。

こういう隔離・停止できない場合は、普通は「非定常モード」として、そのモードのときには、ある意味プロフェッショナルで能力の高い人だけしか近づいてはいけないことにするだとか、機械のエネルギーを非常に小さくしてゆっくり動かして、危ないときは人間が逃げられるように、あるいは挟まれても止めることができるくらいにエネルギーを小さくするだとか、いろいろな対策を施して、機械と人間が一緒に仕事をする。こういう非定常作業のルールを作って、そのルールに従って、ちゃんと安全を確保するということになります。普通、これを「管理に任せる安全」というふうに言っていますが、ご存知のように、事故というのはこういう非定常作業で多く起きています。

隔離・停止が明確にできていれば、ロボットなどの機械はフルスピードで動いても、人間はそばにいないのでケガをすることはないし、機械が完全に止まっていれば、人間が近づいて修理してもほとんど問題ない。ですから、定常作業では事故はほとんど起きません。一方、隔離・停止ができない非定常作業のときに事故が多く起きています。Ｓａｆｅｔｙ１・０の時代は、この特殊な状態を、管理に任せる安全でやってきたわけです。

そうすると、「やはりもうちょっとフレキシブルに生産したい」、要するに大量生産で同じもの

・**フレキシブル**な生産をしたい
・稼働率を高めたい、**生産性**を高めたい
・もっと**人を大切に**したい
・**安全と生産性を両立させたい**

→**隔離の原則、停止の原則**（時間的、空間的分離）では困難
→**人間と機械が一緒に協働して、作業をしたい**

図　これまでの安全では不都合が・・・

を作っているのならいいのですが、一品一品違うものを作りたいだとか、少し人間が近づくと止まって稼働が停止する（稼働率が落ちる）ので、もうちょっと生産性を高めるために止めないでもなんとかならないのかだとか、そういう声が出てきます。あるいは、人間と機械が、人間のやりたい、人間の得意なところと、機械の得意なところを一緒に出し合う形で共同で作業する形にはできないのかということになります。

そういう意味では、「安全のためなら止める、生産性は少し犠牲にする」と安全性と生産性は相反するように見られがちですが、本当は安全と生産性を両立させ、安全にすればするほど生産性があがるという形にしたいと、実は皆思っているわけです。そのためには、Safety1・0の時代の原則である、停止の原則や隔離の原則（時間的に分離する場合もあれば、空間的に分離する場合もある）は、人間と機械が一緒になって協働して作業したいといったときに非常に不都合で

・ICT 技術の進歩で、これまで出来なかったことが可能になりつつある
・IoT(Internet of Things)、AI（人工知能）、ビッグデータ、・・・コンピュータパワー、インターネット技術の圧倒的な進歩が可能にしつつある
・ただし、繋がることによる/大量データによる/人工知能の悪用による等の新しいリスクが生まれてきている

図　新しい機械安全技術の方向が見えてきた！

あるし、どうしても一緒になるときに非定常作業をすると、そこで事故が起きるということになります。

実は私は、ＩＣＴの発展による新しい機械安全の技術が、こうした問題を解決してくれるだろうと思っています。つまり、ＩＣＴの発展のおかげで、新しい機械安全の技術の方向が見えてきた。ＩＣＴの技術の進展で、安全の技術にも、安全機能の発揮にも使えるようになってきたということです。コンピュータが圧倒的に安く、高速に大量なデータを解析できる、こういうことが可能になって、ここ何年かで実用になってきた。今までできなかったことが、できるようになってきているのです。

これからどんどん発展していき、必ず限界はありますが、実用の場面がかなり増えてきたし、ますます増えていくでしょう。しかも、お互いにＩｏＴでつながるということを考えると、デジタルデータで情報を共

有したりすることが可能になってきます。もちろん、そこにはまた従来にない新しいリスクが出てくることも考えておく必要がありますが、従来の機械安全技術では困っていた非定常作業などでも、柔軟なモノづくりができるようになってうまくいく可能性が出てきた。こういう時代が見えてきたなというのが、協調安全、Ｓａｆｅｔｙ２・０という考えに至った二つ目の流れです。

リスクレベル４を隠さないことが大事

ちょっと余談になりますが、今回の全国産業安全衛生大会での製造業安全対策官民協議会（注６）の特別セッションで、我々のグループで発表したことに触れておきます。それはリスクアセスメントに関することです。リスクアセスメントをしたとき、リスクの見積りやリスク低減策をした後の残留リスクの見積りで、普通は１、２、３、４くらいにレベル分けをします。リスクレベル１は無視していいですよというリスク、リスクレベル４は非常に危ないから停止、使ってはいけない。リスク低減策を施して、許容可能なリスクになるまで使ってはいけないというようなレベルです。

本来はリスクレベル１は、常にチェックして管理していかないといけないと言われてきました。

（注６）**製造業安全対策官民協議会**　製造業における安全対策のさらなる強化を目指し、官民が連携し、業種の垣根を越え、安全に関わる事業環境の変化を分析するとともに、必要な取組みを検討し、現場への普及を推進するための協議会。厚生労働省、経済産業省、中災防のほか、多くの業界団体により平成二九年に設置されました。

実はこのときに発表したのは、そんな小さいものは無視してよろしい、ということです。そこまでやるとどんどんリスクアセスメントの対象が増えていって、そこばかり追いかけることになりかねない。だからそれはもういい、無視してよい。ただし、風化しないように気を付けましょう、というコメント付きで、リスクレベル１についてはそう考えようという提案をしました。要するにリスクアセスメントにおける残留リスク、許容可能なリスクの関係の考え方をある程度みんなで統一しようという提案をしたわけです。

そして、もっとも大事なリスクレベル４についても提案をしました。リスクレベル４は、本来は「こんな危ない機械は使ってはいけない、リスク低減するまでは稼働禁止」と言われています。ところが、現実には止められないことがたくさんあるわけです。技術的にこれ以上、リスクが下がらないとか、お金をかけようと思っても、今年一年では片が付かない、何年かかけて計画的にやらないとできないとかいう話になります。しかし現実には、仕事とあって止めるわけにはいかない。そういうときどうするんだ、ということがあります。

こういう場合には、さっき言った管理に任せた安全で、本当のプロフェッショナル以外、近づいてはいかん、こういう手順で、エネルギーも小さくしながら、こうやってやりましょうという、そういう非定常作業として、特別管理区域として、認めようじゃないかという提案をしました。ただし、そのときには、必ず何年後かにこのリスクレベルを下げるという、年次計画をちゃんと立てなさい、そして、企業のトップは自分の従業員にこんな危ない作業をさせているんだと認識し、一刻も早くリスク低減策を施す努力をしないといけないということを常に知っていなければいけない。作業者は、この作業にはこういう大きなリスクがある。だから、自分はここに集中して安全な作業をしないといけないんだと、ちゃんと自覚しながら作業をする。このような特別管理による稼働を認めようではないかと申し上げたのです（注7）。

リスクへの対応の考え方も各企業、各業界でバラバラで、リスクの大きい業界もあれば小さい業界もあるので場合によって違うかもしれませんが、いま言ったような考え方で統一して解釈しようということです。また、そのときに管理的な手法、ソフト的な手法（教育、掲示など）では、リスクは完全には消えないということを常識としようと提案しています。管理的手法でリスクレベルが1まで下がったとすると、リスクアセスメントの（残留リスクの）表から消える可能性があります。しかし、実はそこには高いリスクが残っているんだ、それはそういう形で運用しているが、事実として残っているんだということを明記しておく必要があるということです。

（注7）実は、ここで言っている内容そのままではありませんが、厚生労働省の告示「危険性又は有害性等の調査等に関する指針」（リスクアセスメント指針）の10(2)および(3)に関連する記載があります。この告示の施行通達（危険性又は有害性等の調査等に関する指針について（平成一八年三月十日基発第0310001号））もあわせて読んでみてください。危ない作業を対策なしにどんどんやってよいとか、担当者の時間がないなら、あるいはお金がもったいないなら対策しなくてよいなどと言っているわけではありませんし、機械の場合は、製造者などから「使用上の情報」がきていますから、その内容をしっかり踏まえてリスクを検討していかなければなりません。当然のことです。しかし、絶対にやってはいけないと理想的なことだけを言っていると、実際にはあるレベル4のリスクを見なかったことにして隠して作業してしまって、災害の多くがそこで起きているので、ちゃんと表に出すようにしていこうということです。隠していてはいけない。情報共有が大事です。

ですから、よく、教育をしました、こういう注意書きを書きました、よってリスクはなくなりました、というの良くない、やってはいけない（注8）ということを申し上げたのです。こういう問題がこのSafety1・0の時代には実はあるんです。

私は、このリスクレベル4のリスクがあって、本当はやってはいけないけれど、人間がそばに寄って何かしようといったときに、実は、最近のICTを使うとこれが可能になるのではないかという夢を持っています。私はこれはかなり可能性がある、逆にこういうときにこそSafety2・0を使って人も機械も一緒になって安全に仕事ができるようになるのではないかという、期待を持っています。

（注8）「教育や掲示をしてもリスクは下がらない」と言っているわけではありません。私は、教育することでリスクは下がる。掲示も、ただ単に貼っただけではなく、ちゃんと読んで理解する人が多くなれば、注意する人が多くなるからリスクは下がる。だけど、どちらの場合もゼロにはならないということを言っています。「掲示や教育でリスクが下がったと思ってはいけない」とは私も言うことがありますが、現実は、無視できるほど小さくはなりません。

＊新しい機械安全技術の方向の兆し
・自動車の支援運転、無人運転
・介護ロボットの実用化に向けて
・機能安全の高度化
・支援的保護システム
・・・・

図　新しい機械安全技術の方向の兆しはすでに出てきている

新しい機械安全技術の方向の兆し

この新しい機械安全技術の方向は、実は兆しが出てきていて、その典型が自動車の支援運転です。最終的には無人（自動）運転ということになるのだと思いますが、支援運転では、自動車側が環境を判断して、乗っている人間が居眠り等をしていないかを判断して、機械設備（自動車自身）がちゃんと健全に動いているかどうかも自己チェックしています。そうして、安全を自動車側が担っています。そういう意味では、このSafety２・0を実際に運用しはじめていると言えます。ここにも新しいリスクが出てくるのは明らかですが、従来のすべてを人間に任せていた安全機能を、機械側が担いつつあるということです。

実は、機械安全の専門の立場から見ると、これまでの自動車というのは、安全の考え方が少し違っていたのではないかと思っています。いまの支援運転が出てくる前、自動車関係の人に「自動車の安全とは何なんだ」と聞いたことがありましたが、そのときにその人は、「運転手の操作通りに動くのが自動車の安全であって、自動車が自分で判断して止まったり、避けたりは決してしない」ということでした。安全機能は、自動車側は発揮せず運転手だけに任せるという発想でした。

ところが、人間は間違える動物で、しょっちゅう間違えますから、交通事故のほとんどがヒューマンエラー、つまり運転手のミスが原因といわれています。機械設備側の信頼度のほうが人間よりはるかに高い、百倍以上は高いはずですから、例えば、このままでは人間（運転手）では間に合わないなと自動車側で判断してブレーキを掛けたり、障害物を避けたり、人間の様子がちょっとおかしい（実は病気などで気を失っている）と判断したときは、静かに左に寄って止まったりという安全機能を自動車側が発揮したらいいだろうと思います。これは、機械安全では当たり前で、機械は知能を持ってある程度対応するということでやっていましたが、自動車ではそれをしていなかったということです。

でも、自動車が出てくる以前は、ご存知の通り馬車の時代でした。馬車は、燃料でエンジンを動かして走るのではなく、馬が引っ張って走ります。馬は知恵がありますから、危なくなったら自分で止まるし、避けてくれる。ですから、その時代は乗り物が知能を持っていたのが、自動車になったとたんに知能を放棄して、全部を人間に任せたんですね。私は、このようなこれまでの自動車の安全は、安全の立場から言うと考え方が違っていた、機械設備側をまず安全化しようという機械安全の思想が入っていなかった、と思っています。

しかしやっと、ここで自動車が知能を持ちはじめて、ＡＩを使って、自分自身もチェックするし、運転手もチェックするし、環境もチェックして、危なくなったら自動車側で止めるというように、自動車側が安全機能をはじめて発揮してきたというのが現在の支援運転、無人運転の時代です。これが、Ｓａｆｅｔｙ２・０を少し実現しはじめている兆しが見えてきたということです。

ほかにも、例えば介護ロボットでも実用化に向けていろいろやっているところですし、コンピュータを使って機能安全の非常に高度なものもできてきています（注９）。また、支援的保護システム（注10）という、専門的ですが、日本から世界に発信しているものもありますので、そういう兆しが見えてきたと私は思っています。

（注９）機能安全（functional safety：Ｓａｆｅｔｙ１・５）は、コンピュータによる安全制御で、外から付加的にセンサーやコンピュータで監視して、危なくなったら止めたり、ぶつかってもケガをしないように力やスピードを抑えるとか、範囲を外れそうになった場合に安全な範囲に戻すといったものです。コンピュータで機械側をどうするかということで、人間がどうするかや、人間をどうするかは言っていません。大きく言って、Ｓａｆｅｔｙ１・０、つまり機械安全ですから、人間側のファクターはゼロです。みんなコンピュータがやるので、人間は何もできません（もちろん、最終的に残ったリスクを人間が注意する必要はありますが）。これに対し、協調安全は、人間の能力も使おうと言っています。Ｓａｆｅｔｙ２・０のバックグラウンドは、人間も含めた協調安全という発想です。機能安全にも、Ｓａｆｅｔｙ２・０に入ってくるようなＩＣＴの技術を使っていけば非常に高度なものができてくるということになります。さらにＳａｆｅｔｙ２・０の技術を使って、人間との協調が可能になれば協調安全が実現できますが、基本の発想が違いますし、機能安全はまだそこまでいっていないと思っています。

（注10）支援的保護システムは、Ｓａｆｅｔｙ２・０の応用例のひとつです。機械には安全装置などが付いていても、最後は人間に任さざるを得ない部分があります。また、いままでは機械の制御やチェックのためにＩＣＴを使ってきましたが、一方で、人間はエラーを起こすので、失敗して手を挟んだり、ルールに違反してやってはいけないことをやる。それに対して、ＩＣＴを使って止める（あるいは注意したり、電源を切ってしまうなど）。ヒューマンエラーの防止にＩＣＴの技術を使うというものです。例えば、トンネル作業などでも使われ始めています。

＊**これからの安全の方向**

技術、人間、組織の**統合・協調**の時代

→人間と機械の**共存**

→**ICT**、**IoT** の進歩で、それが現実に

・**人とモノと環境が協調**して構築される安全

・**協調安全（コラボレーション・セーフティ）**と呼ぶ

・**協調安全**という概念の**技術的側面が「Safety 2.0」**

図　安全の新しい時代〜safety2.0、協調安全〜

安全の新しい時代へ

今までの流れを総括すると、危ない機械を人間の注意に頼って使っていたＳａｆｅｔｙ０・０の時代があり、次に、機械安全の技術を使って機械設備側をまず安全化して安全を実現するＳａｆｅｔｙ１・０の時代がある。これに対して、その次の新しい時代は何か。私は、それは機械側と人間側と組織側（組織には環境も、ルール、法律、その他過去のデータベースといったものも含みます。）から、いろいろ情報発信できる。そういう技術と人間と組織が、情報をデジタル情報として共有して、協調して、一緒になって安全を実現することができる。こういう時代だと考えています。これが、ＩＣＴ、ＩｏＴの進歩で実現可能になってきたということです。

この新しい時代の安全をどう定義するかということで、「協調安全」という言葉を作りました。コ

ラボレーション・セーフティ（または、コラボレーテッド・セーフティ、あるいは、ハーモナイズド・セーフティでもいいかもしれません）とも言っています。これは、人・モノ・環境が協調し、調和して皆で一緒になって実現する安全です。そして、協調安全を実現する技術的な側面を、「Ｓａｆｅｔｙ２・０」と呼ぼうということです。いまはまだ、Ｓａｆｅｔｙ１・０の時代ですが、そうした時代になりつつあると思っています。

3　協調安全とSafety2・0

日本発の提案「協調安全」

協調安全とSafety2・0について、もう少し詳しく紹介していきましょう。

二〇一八年十月にフランスで開催された「SIAS」(International Conference on Safety of Industrial Automated Systems：産業オートメーションの安全に関する国際会議）という産業安全の国際会議で、私は日本発ということで協調安全について提案をしてまいりました（かなり好評を得たと思っています）。協調安全の定義はまだ仮の定義ですが、「人とモノと環境が情報を共有することで、協調して安全を実現する」ということ。こういう概念を協調安全と言おうということです。そして、Safety2・0というのは、ICTを用いて、この協調安全を実現する技術的手段です。協調安全を実現する技術をSafety2・0と言おう、こういう定義です。この定義はこれからどんどん変わっていく暫定的なものですが、日本からこういう案を出したということは意義があると思っています。社会はこの方向に向かっていて、スマートソサエティなどと言いますが、どんどんICTを利用していっているところです。安全分野にそれを利用しよう（ス

●**協調安全**とは（新しい安全の概念）
モノ、人、環境が、情報を共有することで、協調して安全を実現することをいう
●**Safety2.0** とは（協調安全を実現する技術的手段）
ICT を用いて協調安全を実現する技術をいう
○Safety2.0 により
ICT を用いて、モノ、人、環境が、情報を共有することで、**全体として効果的、効率的に**、協調して安全を実現することができる

図　協調安全と Safety2.0

マートセーフティ）という提案です。

要約すると、安全の技術的側面から見ると、Ｓａｆｅｔｙ０・０、Ｓａｆｅｔｙ１・０という時代があって、次は何か。それがＳａｆｅｔｙ２・０であるということ。そして、Ｓａｆｅｔｙ２・０では協調安全という新しい安全の概念を提案しているということ。これは、機械安全技術の変遷からＳａｆｅｔｙ２・０が出てきたということです。

前述した安全学も協調して、学問的にも全部一緒になってやろうという発想です。技術的にも、最初は人だけだった。次に人と機械だった。ついに人と機械と環境が一緒になって安全を実現しようという時代になった。ある意味では、人文科学だけだったが、人文科学と自然科学になり、そしてついに、人文科学、自然科学、社会科学が一緒になって安全を実現できる時代になった。それはＩＣＴの発展のおかげである。これがここまでの内容です。

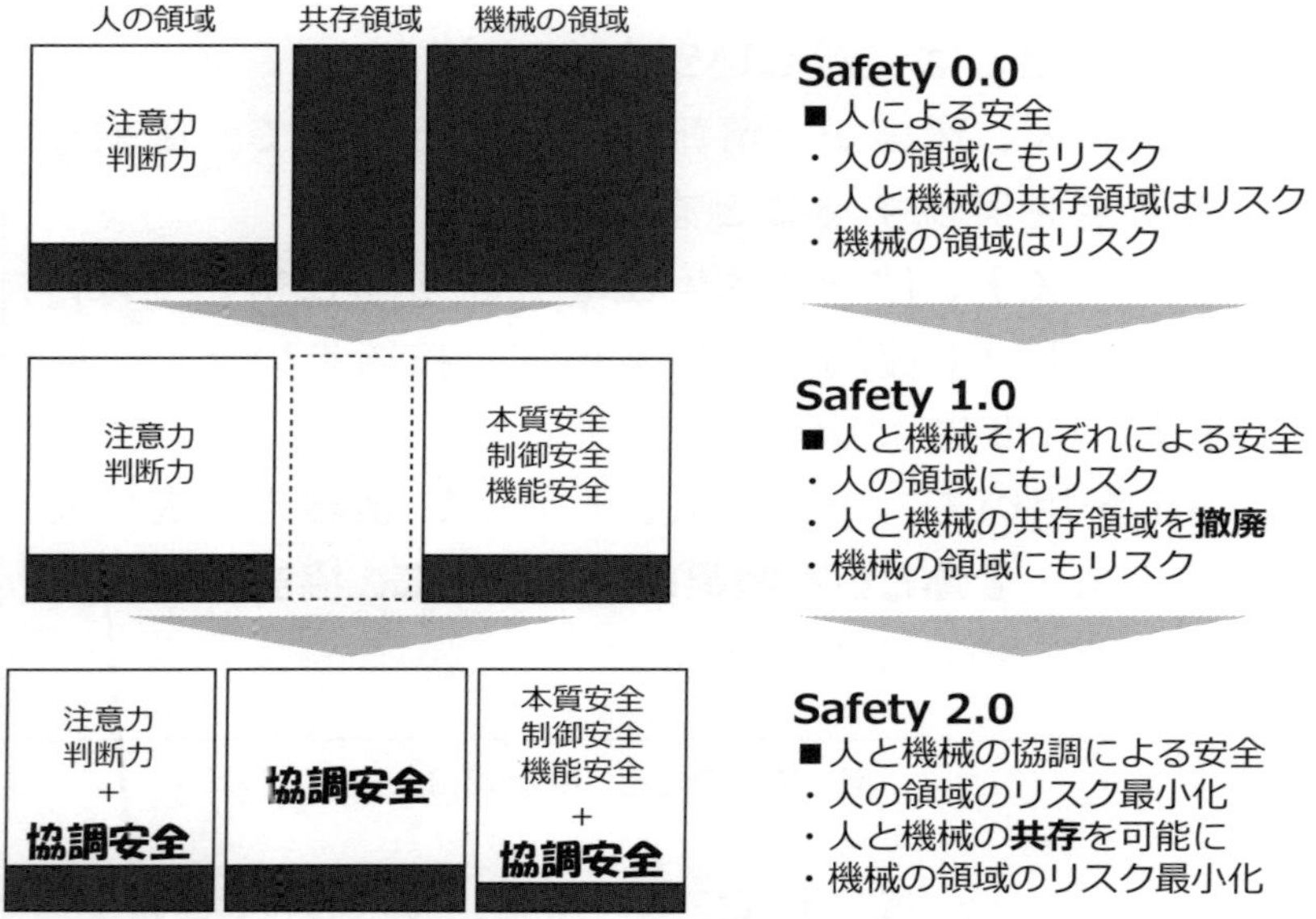

図　人間、機械、共存領域の関係

もう少しわかりやすく説明しますと、図のように人の領域と機械の領域があって、真ん中に共存領域があると考えたときに、安全を白、危険（リスクが大きい）を黒で表現すると、例えば、Ｓａｆｅｔｙ０・０では人間の領域だけ人間が注意する、しかし、全部が安全とは限らないので黒いところがある。機械側は危ないのでそばに行ってはいけない、人間と機械が協調するなんてとんでもないという時代がＳａｆｅｔｙ０・０でした。

これに対して、次のＳａｆｅｔｙ１・０では、機械側は機械安全、安全技術によって安全を実現できる。安全を発揮できるというところまできています。しかし、基本的には隔離の安全、停止の安全という考えでやってきていますから、残念ながらこの場合は共存領域が撤廃されています。これは、生産ラインなど大量生産の工場では非常に有効に働きますが、人間と機械が一緒に何か作業しないといけないというときには、特別管理区域にして作業するということがありました。その領域で多くの事故が起こっていたということです。

それに対して、Ｓａｆｅｔｙ２・０では、この共存領域、協調安全で言ったときの「協調領域」こそが、技術によって機械側と人間側が共存できて、一緒になって安全を実現できる領域ということになります。例えば、人間もスマートウォッチやバイタルメーター（生体情報測定装置）などを着けていて、人間の情報を機械側に渡す。機械側は、この人の体調はどうだ、資格はどうだと判断しながら、この人は危ないからゆっくり動いてあげようとか、この人はプロフェッショナルだから、あるいは経験があるから一緒に仕事ができる、ということを判定できて、協調安全が実現できる時代になってきています。

協調安全～情報を共有し協調・調和

協調安全とは何かを少し詳しく見ていきましょう。もう少しよい日本語があるのかもしれませんが、共同でも共存でもなく、協調の安全という言葉を使わせてもらっています。調和の安全でもよいかもしれません。

例えば人間については、スマートウォッチやバイタルメーターを着けたり、あるいはＲＦＩＤ(注11)などを利用して、「個人の資格はどうだ」「経験はどうだ」「今日の体調はどうだ」「能力はどうだ」といった人間の情報を、環境や機械側に渡すことがある程度可能になっています。

また、機械側は自分自身の安全確認をちゃんとやっていて、「いまは順調に動いているが、このあたりの部品が摩耗しはじめている」とか、「このあたりをそろそろ保守点検しなくてはいけない」とかを自分で判断するとともに、使っている人間や環境がどうなっているかも確認できます。また、「いまどういう環境で、人間はどこにいるか」「どんな人間がどのように使っているか」と全体が見え、判断できると、機械側が相手に応じて知的に対応できるようになります。先ほどの馬車と自動車の話の、自動車が最近やっと知能を持ってきて、知的な対応をできるようになってきたというのと同じで、機械側がやっと、ある程度柔軟に人間や環境を確認・判断して対応できるようになってきたわけです。

組織や環境（こう表現していますが、私はここに法律や事故データなどのデータベースも含めて考えています）からも「法律はこうなっている」「こういうところが危ない」「環境はこういう状態である」「温度は何度である」といった情報が人間側、機械側に渡され、そうしたもの全部を含めて、一緒になって安全を確保するということが可能になってきた。

こうなると、協調安全では総合的に、全体的に安全を判断して管理するということになるだろうと考えています。

（注11）ＲＦＩＤ　Radio Frequency Identification の略。無線を利用した個別識別システム。ＲＦＩＤタグ（ＩＣタグともいう）の中の情報を、非接触で電波の送受信により読み書きし、対象を識別・管理します。

協調安全とは

＊技術（自然科学）と人間（人文科学）と組織・環境（社会科学）とがお互いの**情報を共有し協調、調和**して安全を確保する概念

●例えば、

・人間からバイタルメーターやRFID等で個人の体調、経歴、能力等を**発信**する

・機械・設備側から、自分の状況の発信と共に、使用者等人間に対して、相手の状況に応じて**知的に対応**する

・組織・制度・環境等から機械設備、使用者等にデータベースから情報提供する

●**総合的に、全体的に判断して安全を管理**する

図　協調安全とは

いままでの流れを要約すると、上の図にまとめてあるように、技術と人間（人間こそが主です）と組織・環境が、お互いに情報（デジタル情報と考えて結構です）を共有し、協調・調和して安全を確保する概念です。技術は「自然科学」、人間は「人文科学」、組織・環境は「社会科学」―こういうふうにやりましょうと決めて、そのとおりにやるという社会科学―、このように私は考えていますが、これらがお互いに情報共有し、協調・調和する時代になってきているのです。

Safety2・0～ICTの活用と情報共有

次に、Ｓａｆｅｔｙ２・０をもう一度詳しく定義します。実は、先ほど紹介した国際会議ＳＩＡＳなどでもたくさんの質問がありましたが、現在のＩＣＴの発展、ＩｏＴ、ＡＩ、クラウド、ビッグデータ、こういったものによって社会が変わって

Safety2.0とは

＊ICT（IoT、AI、クラウド、ビッグデータ等の技術）の発展で、安全技術にも新しい方向が見えてきて、これまで出来なかったことが可能になりつつある

→人、モノ、環境が互いに、高度に情報（データ）を共有し、利害関係者を含む全体として効果的かつ効率的に安全を構築すること

■技術要件

①人、モノ、環境など各構成要素を情報（データ）でつなぐ

②（リスク関連情報を受けて）自律的あるいは他律的に安全側に導く

■**協調安全**という概念の**技術的側面が Safety 2.0**

図　Safety2.0とは

いくということは世界的な流れであり、多くの企業などもそこで競争しています（私の感覚では、残念ながら日本は少し遅れています。もう少しこの分野を発展させるべきだと思っています）。さらに、安全の技術にこのＩＣＴを使えば、工場とか建設現場とか、いろいろなところで非常に柔軟に安全と生産（作業）が実現できると思っています。したがって、これまでできなかったことが、技術的に発展してきて、やっとできるようになってきたということ、技術的に「新しい時代に入った」ということが、まず、この「Ｓａｆｅｔｙ２・０」（１・Ｘではなく、２・０）で言いたいことです。

そして、ＩＣＴを使って、人・モノ・環境が互いに高度に情報を共有し、利害関係者、つまりステークホルダー全員で、効率的に、効果的に安全を実現できるし、実現しようということです。

この、人・モノ・環境の各要素が「データ」を共

有してお互いがつながっているということが重要で、お互いがデータを出せば、皆で協調することが可能になってきます。

実は、これは組織の中の話でも同様です。企業でも、トップと管理層と現場で、どういう情報のやり取りがあるのか、本当に風通しは良くなっているのか、というのが非常に問題ではないかと思っています。

いまの日本の企業は情報共有が難しい状態になっていて、なかなかものが言えなくなっている。組織が縦割りになってきて、上にも横にも現場でものが言えない。上に言っても予算を付けてくれない、文句は言われる。あまり言うとクビになってしまうとか、配置転換になってしまう。そうするとものを言わなくなる。そして、なにか問題があるとごまかすという、最近のデータ改ざんなどの問題にもつながってくるというふうに思います。企業の中でさえ、情報がちゃんと伝わっていない可能性があります。そういうときに、このＩＣＴの技術を使うことによって、企業の中でのいろいろな立場での情報共有が可能になると思っています。

情報共有によって、他からの情報を使って考えたり、相手にもちょっとものを言うことができます。ここが大事で、自分だけではなくて、相手にもものを言う、相手からも受ける。それで一緒になって安全を実現する。これこそ協調安全です。こういうことに情報共有が必要である。そして、Ｓａｆｅｔｙ２・０によってそれが可能になるんだということを申し上げたいと思います。

ただし、こういうことを言っていると、「新しいものにすぐ飛びついて」「現場はもっと大事だ」

ということを言われるのです。これは、確かにそのとおりで、足場をちゃんと固めることは重要です。私は、安全を構築するのは、一番大事なのは人間だと思っています。人間の能力、自律性、やる気。これが非常に大事です。しかし、それだけでは安全は実現できない。その上に、機械設備側を安全化する必要があります。機械は大きなエネルギーを持っていますから、人間が死亡するといった取り返しのつかないことはほとんどそこで起きます。ですので、機械側、人をケガさせる側が、ちゃんと考えて、手を打つという、こういう技術の話は非常に大事だと思っています。

また、最初に本質的安全（本体そのものをちゃんと安全に作る）をやりなさい、そして、次に残ったリスクを安全制御や安全防護などで小さくして、それでも残ったリスクは使用上の情報として使用者に通知しなさい、という3ステップメソッドがありますが、情報で安全を実現するというのは、本質的安全という概念にはあまり適用できないんですね。このSafety2・0とか協調安全は、情報を使って安全を実現しますから、本質的安全にはあまり適用できず、安全制御とか安全防護とか、そういったところにはうまく使えます。ということは、本質的安全が一番大事ですから、人間の側を無視してSafety2・0だけ使っていれば安全が実現できるというのは、間違いであるということです。私自身は、Safety2・0は非常に便利な道具だけど、道具をどううまく使うかということは、人間の知恵で考えていかないといけないと思っています。ただし、こんな便利なものを与えられて、使わない手はない、ぜひ使っていくべきでしょう。

	安全確保の手法：安全機能の発揮	基本原理	具体的内容
Safety0.0	**人間の注意**	自分の身は自分で守る	教育、訓練、管理、作業標準、作業マニュアル
Safety1.0	（人間の注意）＋**技術**	機械設備の安全化	本質的安全、安全防護、安全制御、標準、基準
Safety2.0	（人間の注意＋技術）＋**組織・環境・情報**	協調による安全化	ICT の技術の活用、情報共有

図　Safety2.0の時代と安全学

そうは言っても、むやみやたらに使えばいいというわけでもありません。これは安全の技術、安全の思想からいうと、ここではあまり詳しく申し上げませんが、非常に大事なところです。安全装置を付けたら油断して事故が起きて、事故全体はあまり減っていない場合があるとか、機械に頼って危険察知能力が落ちるとか、いろいろな面があり得るということも踏まえており、あまりいい加減なつもりでこういう新しい提案をしているわけではないのです。時代の流れを見ながら、提案しています。

Safety２・０の時代と安全学

Safety０・０、Safety１・０、Safety２・０という時代の流れは、誰が、あるいは何が安全を確保するのか、安全機能を発揮するのかという分類からすると非常に当然の流れだと思っています。それを整理してみると上の図のようになります。

最初は人間の注意に頼り、人間がやっていたSafe

	特徴	主たる安全の概念	安全学での分類
Safety0.0	生産優先	作業安全	ヒト:人間的側面（**人文科学**）
Safety1.0	安全優先	機械安全	モノ:技術的側面（**自然科学**）が加わる
Safety2.0	**生産と安全の両立**	**協調安全**	環境:組織的側面（**社会科学**）が加わる

図　Safety2.0の時代と安全学（続き）

ty0・0の時代。その次に、人間と技術が一緒になって安全を実現するという、いまのSafety1・0の時代。そして、組織・環境・情報なども加わって一緒になって、安全を実現するという、これがSafety2・0の時代です。

ですから、基本原理は、Safety0・0は自分の身は自分で守る。Safety1・0は機械設備側の安全化を先にする。Safety2・0は協調して皆で安全を実現しましょう、ということです。そのための具体的内容としては、Safety0・0では教育、管理、作業マニュアルを作って、こういうことをやりなさいというしかありませんでしたが、Safety1・0では、安全設計、安全制御、安全防護、安全基準その他いろいろ使います。そして、Safety2・0ではICTのうまい活用ということになります。

Safety0・0の時代は生産優先、安全つまり人間の命より生産のほうが大事だという考え方があったと思いますが、Ｓａｆｅｔｙ１・０の時代になって、やっぱり安全を大事にしようということになりました（ここまで行っていない会社は、実はかなりあり、０・０で終わっているところもあります）。Ｓａｆｅｔｙ１・０で機械を安全化して、安全を優先しよう、人間を守ろうということです。これを「機械安全」（Ｓａｆｅｔｙ０・０は「作業安全」）と言っていますが、機械安全では、人間が近づいたら機械が止まりますから、生産が止まります。安全優先のために、生産を多少犠牲にしないといけないという面がありました。

そうして、Ｓａｆｅｔｙ２・０でやっと、協調安全という面が出てきて、生産と安全を両立することができる。そして、前述したように、はじめは人間的側面（人文科学）だけであったものに、技術的側面（自然科学）が加わり、ついに組織的側面（社会科学）が加わって、人文科学・自然科学・社会科学という安全学全体がやっとまとまってきたということになります。こうした時代だからこそ、安全学がぜひとも必要であるし、安全学によってＳａｆｅｔｙ２・０による新しい安全、協調安全を進めていくことができると思っています。

Ｓａｆｅｔｙ２・０の有効性

Ｓａｆｅｔｙ２・０で例えばどのようなことができるのかというのを簡単に見てみましょう。もちろん、ＩＣＴの技術はいまでも発展していっていますから、これはいまの時点でこういうことが考えられているという話です。また、実際に企業がＳａｆｅｔｙ２・０を使った安全化に取り

・「止める安全」から「止めない安全」へ

人の能力に応じて、機械の速度を制御したり、ゾーンを決めることで、安全性と生産性を両立

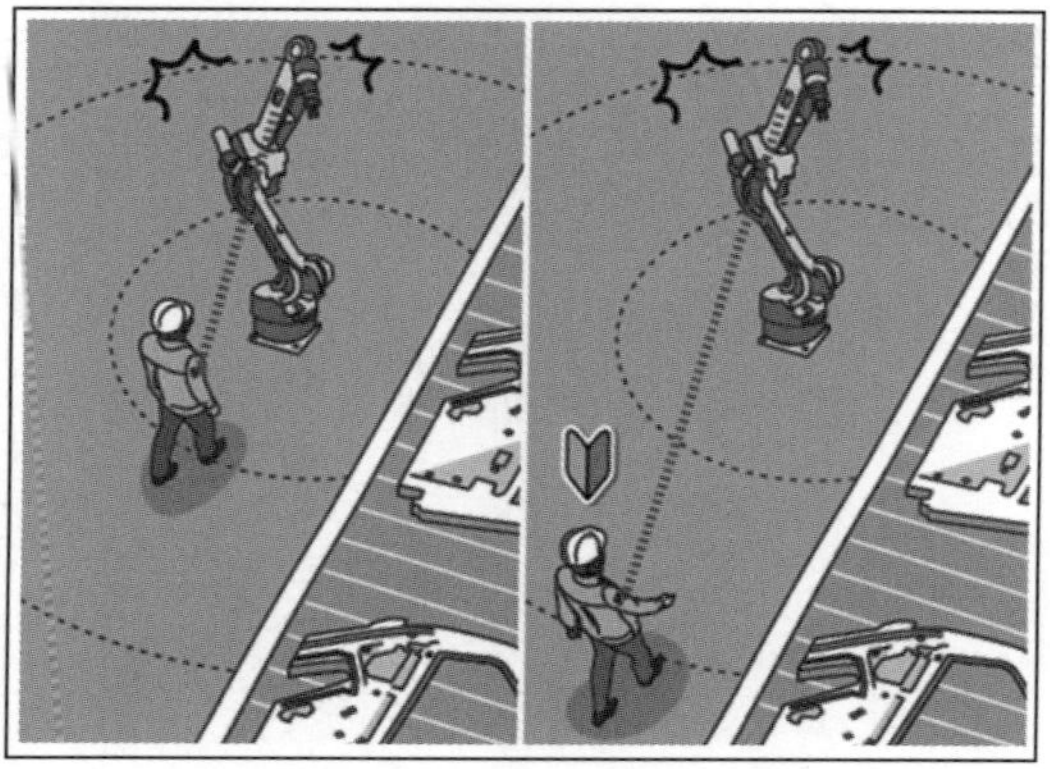

図　Safety2.0～止めない安全～（日経BP総研資料より）

組んでいる例もありますので、それも後ほどご紹介することにします。

上の図では作業者が歩いてきますが、ＲＦＩＤタグあるいはバイタルメーターなどを身に着けていて、向こうでロボットが動いているとき、ロボット側が作業者の情報を受け取り、「この人は、プロフェッショナルで相当慣れている」とか、「今日は体調がいい」と判断し、こういう作業者が近づいてくる場合は、ロボットは止まらないで仕事をするというように対応できる。逆に、「この人は慣れていなくて危ない」というときは、止めないけれどもゆっくり動いて、ぶつかったときも大した事故にならないようなスピード・力でやるということができる。「止めない安全」ができるようになるだろうということです。これからは、人間から機械に「慣れている」「慣れ

・IoTによる常時監視で「安全(不安全)の見える化」

人の体調、構造物や部品の状態を常に監視することで、安全（不安全）を見える化

図　Safety2.0～常時監視と安全の見える化～（日経BP総研資料より）

ていない」という情報を与える形だけではなく、人間や環境からのいろいろな情報に基づいて、機械が判定するという形も可能になっていくでしょう。

それから、例えば建設現場などでの熱中症のように、いろいろな場所で作業者がバラバラに仕事をしているとき、どの人はどういう体調で、この人の体調がおかしいといったことを、クラウドを使って作業者の情報を全部集めてチェックすることができるし、監督者が常時監視することができる。あるいは、この人には仕事を止めさせなさいだとか、こういうことができるでしょう。これは人間の監視だけではなく、インフラの保守点検に関する状況なども監視できますから、「安全の見える化」ができるようになるだろうということです。

そして、最近は自動車側が、運転手が眠くなっ

・協調が生み出す「コラボレーション・フェイルセーフ」

人や環境に障害が発生したときに、その情報を受けて機械が人を安全側に誘導して安全を確保

図　Safety2.0～コラボレーション・フェイルセーフ～（日経 BP 総研資料より）

ていないかを判断して、警告音を鳴らしたりする機能が出てきて、自動車側でも安全機能を発揮するようになってきていますが、これからは、自動車の運転手が気を失ったり、あるいは心臓麻痺で亡くなったときは、運転手が倒れた、これは危ないと自動車側が判断して、周りの状況を判断しながら静かに左に寄って停まる（または、オペレーターが遠隔操作で停めるように誘導する）という機能を自動車側にも持たせることも技術的には可能になってきています。モノが故障したときに安全側に壊れるというのがフェイルセーフの概念ですが、人間や環境も一緒に含めて、人間や環境に異常があってもフェイルセーフを実現していますから、コラボレーション・フェイルセーフと言っています。こういうものを自動車側に知能を持たせることで実現できるのではないかと思っています。

図　Safety2.0の有効性

こういった例からＳａｆｅｔｙ２・０の有効性ということを考えると、これまでは「Ｓａｆｅｔｙ０・０からＳａｆｅｔｙ１・０（機械設備の安全）を通って、初めてＳａｆｅｔｙ２・０に行きますよ」という話をしてきて、これは上の図にあるように、Ｓａｆｅｔｙ０・０から反時計回りの流れです。

しかし、実は、すべての職場でＳａｆｅｔｙ１・０ができるか、機械側を安全にして、隔離して仕事ができるかというと、できない職場がいっぱいあります。できている職場でも、非定常作業があります。それだけではなく、できないのが常の職場があるわけです。建設現場もそうですし、これまでの自動車運転もそうです。そういうところではＳａｆｅｔｙ１・０なんて実現できない。仕方がないから、特別管理区域と称してＳａｆｅｔｙ０・０、人間が頑張って注意をして、危ない機械を使ったり、危ないところで仕事をするというのが現状だったわけです。

それに対して、このＳａｆｅｔｙ２・０が使えるようになってくると、Ｓａｆｅｔｙ０・０から図の時計回りの流れのように、Ｓａｆｅｔｙ１・０を経由しないで直接Ｓａｆｅｔｙ２・０に行ける可能性があります。これは非常に大きいと思います。非定常作業のような非常に危ないところも、ＩＣＴを使うことによって、協調して一緒に安全に作業できることになります。

私は、先ほどの例でお話しした自動車が、まさしくこの方向だと思っています。自動車は、人間の注意に依存する、つまりＳａｆｅｔｙ０・０で、これまで百年近く、ずっとやってきたんですね。ですから、世界中でこれまで一千万人かそれ以上の人が交通事故で亡くなっていると思います。これは、先ほど述べたとおり、安全の原理・考え方が違っていたんですね。間違えやすい（間違えるのが当たり前の）人間に、すべての安全機能を任せて、機械設備側はまったく判断しないという原則でやってきた。もちろん、その代わりに、産業が発展するといういい面がたくさんあったことは事実ですが、Ｓａｆｅｔｙ１・０をやらなかった（できなかった）、機械設備側が知能を発揮していなかったということです。それが、ここにきて、ＩＣＴを使って、Ｓａｆｅｔｙ０・０からＳａｆｅｔｙ２・０に直接行けるようになった。自動車のこうした動き、自動車側が判断して安全機能を発揮していく流れというのはもう決して止まらないでしょう。

そして他にも、建設現場などでも、同じように直接Ｓａｆｅｔｙ２・０に行く例がどんどん出てくるでしょう。Ｓａｆｅｔｙ２・０によって、安全度は必ず上がります。ただし、それによって新しいリスクが出てくるのも当然ですので、リスクを検討して対策していくことももちろん必要になりますが、従来の人間の不注意による事故のほとんどがＳａｆｅｔｙ２・０で救えるようになるだろうと思っています。

実はこうしたことは少しずつ実際の作業で出てきています。先ほどリスクレベル４をどうするかという話をしましたが、まさにそのリスクレベル４に該当するであろうトンネル工事に、このＩＣＴ、Ｓａｆｅｔｙ２・０を使っていこうという取組みが始まっています。

これは、ＩＣＴを使って、効率的にトンネル工事を進めるシステムを開発するもので、センシング技術で安全管理をし、ＡＩで建設機械を自動運転しようというものです。坑内では、地山・切羽の状態を自動監視し、作業はＡＩによって機械が行い、作業員の健康状態はウェアラブル端末で一元管理されます。そして、作業員と建機は協調安全で、接触しないよう相互に注意し合いながら協働で作業できます。人と機械、環境に関する情報を集約し、ＡＩで解析した情報をリアルタイムに現場へフィードバックすることで、作業と安全の両立が期待されています。

このように、今まではどうしてもＳａｆｅｔｙ１・０が実現できなかった、仕方がないから無理して人の注意でやっていたという場面にも、実はＳａｆｅｔｙ２・０が有効に働くんだということが、Ｓａｆｅｔｙ２・０の有効性の一つであると思っています。

・高度に、効果的に、かつ効率的に安全を確保できるようになる
・常時モニタリング、実時間モニタリングが可能になる
・リアルタイムの計測が可能になる
・危険予知、危険予測がこれまで以上に可能になる
・安全の見える化がこれまで以上にできるようになる
・変化に対して、高速に、柔軟に対応が可能となる
・動的な安全管理が可能になる

図　Safety2.0で何ができるようになるのか

Safety２・０で何ができるようになるのか

スマート社会だとかスマートファクトリーだとか、いろんなところでいろんなICTの技術が使われるようになっていますが、このICTの技術を安全の方に使っていくとどうなるか。例えば、常時、高速でモニタリングができるようになり、画像処理も非常に能力が上がってリアルタイムで正確な処理ができるようになってきます。そうすると、どういう人間が入ってきて、今どんなことをやっているかわかるようになるでしょう。この人間は、作業のことをよくわかっているだろう。この人間は初めての人間だな。このような常時モニタリング、実時間モニタリングが可能になり、そこへさらに、過去の経験や災害データベースなどと組み合わせて処理をすると、危険予知だとか、危険予想、リスクの予測がこれまで以上に（完璧とはいえませんが）、可能になっていくだろうと

思いますし、ＩＣＴの技術を使うことによって、危険などの情報をわかりやすく見える化できるようにもなるでしょう。

このようなことによって、現場も判断できるし、実はトップも現場はこういう作業をしていて、こういうリスクがあって、災害になったら企業にとってもこういう損害などが出る、こういう企業リスクがあると理解できます。ここで手を打っておくことによって安全はコストではなくベネフィット、ある意味では、前もって予算を付けることの意味、インベストメント（投資）だということが判断できるということになりますので、企業のトップにとっても、「安全への投資」のためにも非常に有効だと思います。

もちろん、安全に関する話ですから、先ほども言いましたように新しいリスクにもしっかりと対応しながら進めていく必要がありますし、また、国際標準化への動きなども進めています(注12)。実用化は始まったばかりですので、何ができるようになるのかはまだ分からない部分が多いので、具体的にはできません(注13)が、新しい時代だからこそ、わからない部分が多いものだとも思っています。そして、安全には安全確認型とか、これまでも独自の思想がありましたが、そういったものも踏まえてＳａｆｅｔｙ２・０を安全に使っていくと、私は高度に、効果的に、かつ効率的に、安全ができる時代になるんだと期待をしています。

それから、時代はどんどん変化していきます。技術も変化するという話をいたしましたが、実は人間も変化していくものです。作業現場の人間の年齢構成も変わります。社会の価値観も、世界の構造も変わります。時代は常に変化していきますから、それに対応していかないといけません。古いままでは、時代の変化から取り残されて、「あの会社はまだあんなことやっている」と言われたり、事故はちっとも減らないということになります。それに対して、Ｓａｆｅｔｙ２・０を使っていくことによって、いろいろな変化にも高速に柔軟に対応できるようになり、動的な安全管理が可能になるのではなかろうかという夢を持っています。

先ほども申し上げましたが、新しい時代は、わからない部分は多いもので、それは皆で作っていくものです。そしてそれは過去の「新しい時代」にもそうだったはずだと思っています。皆さんも、自分の職場で、自分の安全の管理の中で、こういうものにはＩＣＴの技術は使えないんだろうかと、いろんな知恵を出していっていただきたい。私は、そういう時代にきていると思って

（注12）実は、日本から発信して世界標準にしようと、いま提案や検討が進められているところです。先ほど説明した「支援的保護システム」は、ＮＥＣＡ（一般社団法人日本電気制御機器工業会）と労働安全衛生総合研究所がＩＳＯに提案中で、4～5年はかかりそうですが、ＩＳＯ１３８４９の一部になっていくことを見込んでいます。協調安全、Ｓａｆｅｔｙ２・０の関係は、ＩＥＣ（国際電気標準会議）に出そうと、サーベイランスなどについて検討中です。また、Ｓａｆｅｔｙ２・０のためのコンピテンシー（ＩＣＴを使って協調安全を実現するため必要な能力、要員認証で資格を与えるためにこれだけは勉強しなければいけないという内容など）は、ＮＥＣＡと、筆者が会長を務めるＩＧＳＡＰ（一般社団法人セーフティグローバル推進機構）が一緒になって、ＩＥＣへの提案を検討中です。

（注13）協調安全の国際標準化の考え方としては個別の規格の作成よりも、まずは規格体系における上位規格の成立を目指しています。各国でのＩＣＴ活用事例などを見ていますと、例えば、ものづくり分野での協調ロボット、土木・建築分野での機械の緊急自動停止や作業員の安全監視・緊急通報、医療介護分野での体調モニタリングや遠隔診療、物流・交通分野での運転者の居眠り防止・安全監視や自動車周辺の立体的把握、インフラ分野での下水道水位の監視・予測、農業分野での農機自動運転などがあります。また、ＩＧＳＡＰでは「Ｓａｆｅｔｙ２・０適合基準」を定め、適合認定制度（審査機関：日本認証株式会社）をスタートしています。

います。今回の大会の、製造業安全対策官民協議会の特別セッションでも、「従来の安全装置はやけに金がかかる。一回付けてしまうとなかなか替えられない。だけど、ICTを使うと極めて簡単に安く作れますよ。投資も少なく済む。だから、実験してみる価値は十分にある」という話がされていました。私もそう思っています。

4　新しい安全は我が国から

スマート化の主役はロボット

新しい安全は日本から発信したいと思います。社会革命はだいたい生産の現場から起きていると私は考えていて、生産における蒸気、電気の力が工業化社会を作り、生産におけるコンピュータ化、自動化が情報化社会を作ってきました。さらに今では、生産におけるスマート化です。よくＩｎｄｕｓｔｒｙ４・０なんていう言い方がされますが、これはまさしく工場のスマート化の意味です。これが超スマート社会、Ｓｏｃｉｅｔｙ５・０に結びついていくと考えます。そのときの機械側の主役はいわゆるロボットであり、動き回ることのできる機械だろうと思っています。ロボットは確かに危険性を持っていますが、動くものと情報と人間が一緒になって安全を実現していくという意味では、車だけでなくロボットに注目していくのも面白いと思います。

産業用ロボットはこれまで人間と隔離するのが原則でしたが、産業用ロボットのスマート化で、協働ロボット（次頁コラム参照）も出てきています。私は、ここに協調安全、Ｓａｆｅｔｙ２・０を使うことによって、相当いろいろな場面で、人間と一緒になって動けるロボットが出てくると

産業用ロボットの柵・囲いがなくなる?

労働安全衛生規則第１５０条の4施行通達改正と機能安全指針について

ご存知のとおり、産業用ロボットについては、労働安全衛生規則（安衛則）第１５０条の4で「労働者に危険が生ずるおそれのあるときは、さく又は囲いを設ける等……」と定められていますが、「機能安全による機械等に係る安全確保に関する技術上の指針」（平成28年厚生労働省告示第３５３号。機能安全指針）や、安衛則の施行通達の改正によって、所定の要件を満たした産業用ロボットの柵をなくすことができるようになっています。機能安全指針は、リスクアセスメント指針や機械包括安全指針と相まって、新たにコンピュータ制御を付加して機械等の安全を確保しようという場合の必要な基準等について規定したものですが、ここには確率的な考え方によってパフォーマンスレベル（ＰＬ）を評価するということが書かれています。これによって、機能安全を機械設備側の対策として、それを踏まえてリスクを見積もることが可能になっています。また、安衛則第１５０条の4の施行通達（昭和58年6月28日付基発第３３９号）が平成25年に改正され、①リスクアセスメントに基づく措置を実施し、産業用ロボットに接触することにより労働者に危険の生ずるおそれが無くなったと評価できるときは、本条の「労働者に危険が生ずるおそれのあるとき」に該当しない、②国際標準化機構（ＩＳＯ）による産業用ロボットの規格（ＩＳＯ１０２１８-１：２０１１及びＩＳＯ１０２１８-２：２０１１）により設計・製造・設置されたロボットを、その使用条件に基づき適切に使用することは、「さく又は囲いを設ける等」に含まれる、とされました。

機能安全がちゃんと入っていれば、危険側の故障率は非常に小さくなるから、暴走したりして人間がケガをする確率は小さくなる。もちろん、ケガをする場合は同じようにひどい目に遭うかもしれませんが、その確率が小さくなるからリスクは下がる。そして、機能安全を入れて、リスクアセスメントをした結果、大丈夫ということになれば柵なしで共同で仕事をしていいですよという話なのですが、確率が下がるからリスクを下げてよいという機能安全の発想は、まだちゃんと分かっている人が少ないと思っています。

これは機能安全の話ですが、Ｓａｆｅｔｙ２・０をある意味では先取りしている感じがします。Ｓａｆｅｔｙ２・０、協調安全はこうした確率の考え方を当然だと思った上でさらに人間の力も入ってきます。ＩＣＴを使って、人間も含めて、一緒にやることであまり間違えない、ケガをする確率が下がるということになればリスクは下がるはずです。

・生産における蒸気・電気の力　⇒3:**工業化社会**
・生産におけるコンピュータ・情報による制御
⇒4:**情報化社会**
・生産におけるスマート化　⇒5:**超スマート社会**
スマート化における**主役はロボット**
（第4次産業革命、Society 5.0）

＊1:狩猟社会、2:農業社会の時代には工場はなし

図　生産革命から社会の革命が始まる

思っています。まだまだ実用にはなっていないと言われていますが（注14）、この技術が発達して社会へ波及していけば、サービスロボットや家庭用ロボット、暮らしのロボットなど、いろいろなものが出てくると思いますので、ぜひこの辺の動向を見ていただいて、もしかしたら皆さんの職場でも使えるのではないかと考えていただきたいと思います。

（注14）産業用ロボットの協働作業の要件明確化については前頁のコラムのとおりですが、実際には機能安全を用いた協働ロボットの実用化はまだ進んでいないと思っています。安衛則上の産業用ロボットの規定は定格出力が80W超のものが対象となっているため（昭和58年6月25日労働省告示第51号）、80W以下にして、本質安全だから柵がなくても大丈夫ですよ、あまりスピードを出していないから平気ですよ、というものでした。柵はありませんので、現実には人間にケガをさせることがあるかもしれないから、機械は機械で自動的にやりましょう、ということで、コンピュータを使って危険側の故障率を規定しているのが、機能安全のSILです。しかし、そういうレベルを算定して使っているわけではない場合が多いと思います。ロボットと人間がある程度近くで、柵なしで仕事をしているのは事実ですし、今後ICTを活用して発展していく可能性もあるでしょう。

未来安全構想（Vision）

1. 安全はトップダウンで推進
2. 安全はコストではなく投資
3. 安全人材に投資
4. 最新安全技術に投資
5. 社会が安全を正しく評価
6. 安全は、国、企業、個人の全体で構築
7. 安全は俯瞰的に、総合的に観る
8. 事故情報・リスク情報は、社会の共有財産であり、社会で共有

図　未来安全構想（Vision）

日本の安全の良さを再確認する時代

私はこれまでの国際会議で、日本から発信していきたいビジョンとして、「未来安全構想」というのを申し上げてきました。

一番目は、安全はトップダウンで推進しようということです。これはよく言われることでもありますが、安全にはトップがコミットメントを示して、責任を持って、ＰＤＣＡを回して、予算を付けて、チェックして、自分で率先しようということです。

二番目は、安全はコストではない。短期で考えるとコストだから、「安全に対するお金は削れ」とか言われてしまいますが、実はインベストメント、投資であるということです。長期的に見れば必ずペイします。これは実際に研究結果があって、事故が起きなくても安全のためにかけたお金と、その効果で企業にバックしていくお金は、長期的に見ると２～２・７倍くらいあるというデータが出ています。

そして三番目は、安全の人材を育成しなければいけないということです。これは常にどの時代でも大事です。先輩がいなくなったときに、その後を誰も引き継いでいないなんていうことがないように、常に安全人材に投資して、育成しなければなりません。そして四番目は、ICTのような新しい技術など、使えるものはどんどん使おう、最新安全技術に投資しようということです。五番目は、安全は価値だということ。社会がもっと安全を高く評価しよう。安全をやっている人も高く評価しようということです。

六番目は、安全学からの発想で、安全を推進していくためには国の役割も大事ですが、国だけでもダメ、企業だけでも無理です。また個人だけがいくら努力しても無理です。これには、個人と企業と国が協調して、協調安全のように、一緒になってやっていかないと安全を実現するのは難しいんだということです。七番目は、そのために、安全というのは規制側も、ものを作る側も、働く側も、全体で俯瞰的に総合的に見ることが大事だ、安全学の思想が大事だということです。

八番目は（これは実は、企業からは反感もあるのですが）、事故の情報は開示しよう、事故情報やリスク情報は社会の共有財産で、皆で共有しようということです。事故情報、リスク情報を、業界を超えて共有しようというのが大事だと思っています。「社会（世間）がうるさい」「国がうるさい」などと言って皆が隠したがるのはよくわかります。しかし、実は事故の情報というものは非常に貴重なんですね。これを、皆で学びあおう、せめてトップだけでも集まって、あるいは業界で集まって自分たちの情報を開示しながら、皆で安全を作っていこうということです。

日本の安全の良さを再確認する時代

- 現場の人間の優秀さと真面目さと責任感
- 年齢と共に自分の役割だけでなく、他との共通領域に対しても知識と経験がある
- 全体的な観点からお互いの役割を理解・尊重し、柔軟で緩やかな発想……いつでも他の立場になり得る
- 異なった立場のステークホルダーが互いに重複を許して安全を見守り、確保する
- 多くの異なった視点からの多重な安全管理
- おせっかいの思想
- 多層防護（スイスチーズモデル）と共に多様性を持った安全策を役割に応じて同時に適用する**多重安全**へ

図　日本の安全の良さを再確認する時代

こうしたことは、日本では、多くはすでにある程度当たり前のことですが、私は、これをこれからの安全を実現していくビジョンとして、世界に発信していきたいと思っているわけです。そういう意味で、日本からは協調安全とかSafety2・0を提案していますが、これは実は日本に向いたものだと思っています。日本の現場は優秀ですし、現場の人がだんだん偉くなって、管理職になって、トップになっていきます。そうすると、トップも現場のことがわかるし、管理者も現場のことがわかるし、現場もトップのことが理解できる。（残念ながら最近は少し遊離しはじめていて、自分のなかに閉じこもる傾向が出てきていますが、）日本にはこういう環境があるんです。

今の時代は、次の図の右側のように機械と使用者と、それを監視している法律・規則、管理

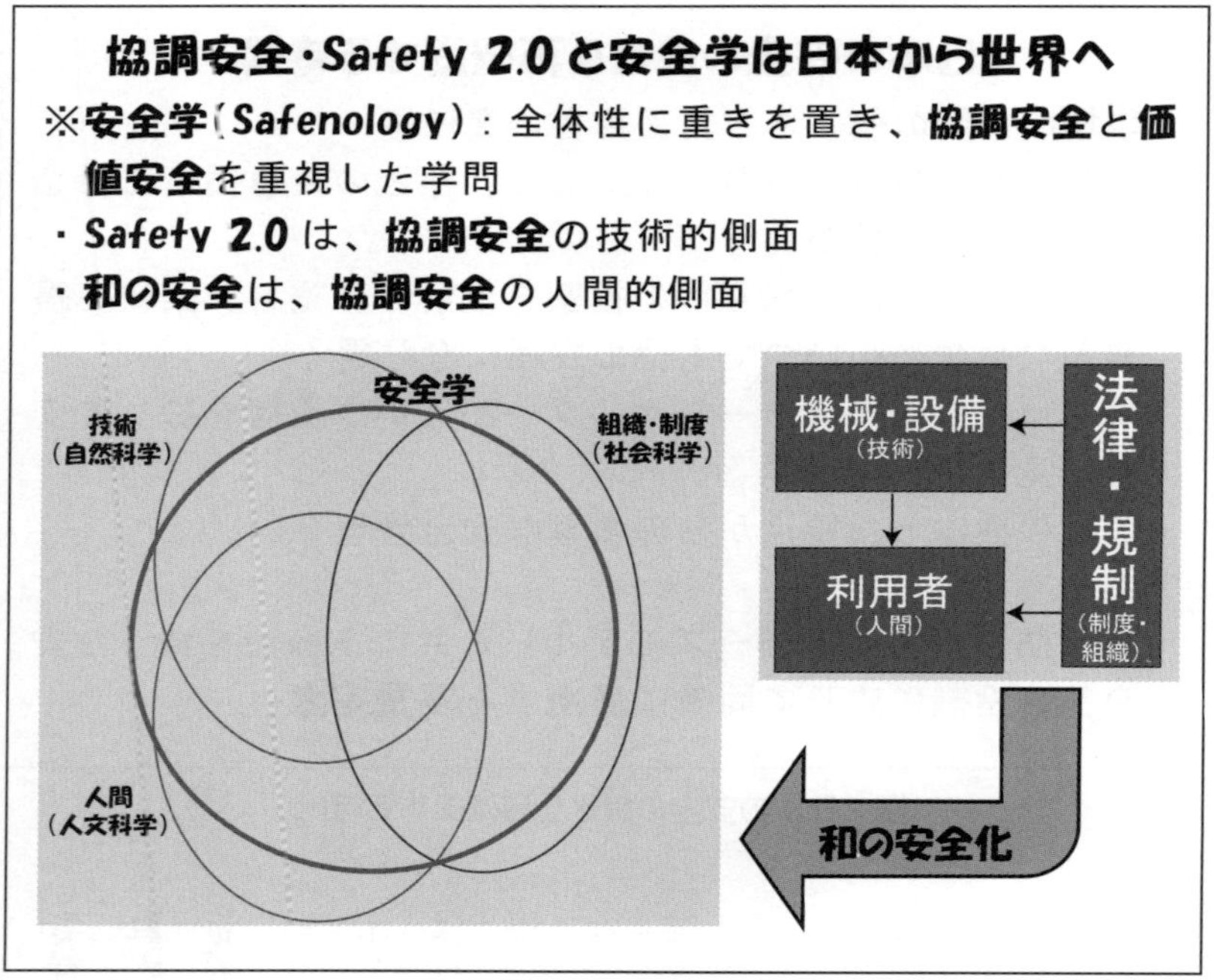

図　日本から世界へ

側がありますが、図の左側ではこれがダブって、例えば安全学と書いてあるところの一番真ん中のあたりは、本来は機械設備でやるけれど、機械設備側だけでなく人間側も注意できるし、法律・データベースの側からもおかしいぞと言える。こうして皆で一緒になって一つのことをやって、注意しあえる、お節介しあえる。それで安全を保っていく。皆がわかる、という日本の本来の良さがあって、私はそこに「多重安全」という言葉を使っています。Ｓａｆｅｔｙ２・０は協調安全の技術的側面と言ってきましたが、こうした多重安全のような人間的側面を「和の安全」と言っています。日本が一番作りやすいと思っています。

実は、世界もこの方向を向いています。いまヨーロッパでは、「ゼロ・アクシデント・フォーラム」（ZAF）というものが出てきています。企業のトップが集まって、自分たちで情報を出し合いながら、皆でゼロアクシデントに向かって努力しましょうということになっています。

これは日本の中災防のゼロ災運動からヒントを得て発展していったものということです。それが二〇一七年に、「ビジョン・ゼロ」（VZ）という、世界的にゼロを目指して頑張ろうという動きになってきて、サミットをやるということになりました。こちらも相当活発に動いていまして、世界中でいろんなキャンペーンもしています。

私は、VZが重視しているのは、ゼロ災運動で言うところの本音の話し合い、トップもものを言うし、現場もものを言うし、自分の役割もちゃんとやるという風通しのいい職場だと思っています。企業のVZの達成度合いの指標を提案していこうという呼びかけもされています。これは最近の日本の企業などの組織にとっても、ぜひ一緒に加わっていってもらいたいと思っています。Safety2・0は、一種のツールですから、それを使う人間の側がまずちゃんとしないといけません。うまく使えればいいのですが、下手に使ったら何の役にも立ちません（これは、最近の労働安全衛生マネジメントシステムISO45001も同じだと思っています）。

今回、協調安全とSafety2・0についていろいろとご紹介しましたが、世界的な流れの一つになってきているということもぜひ理解しておいていただきたいと思います。

あとがき

　現在、ＡＩ、ＩｏＴ、ビッグデータ、クラウド技術、ブロックチェーン、ロボット技術等々のＩＣＴが、あらゆる分野や場面で使われるようになりました。高機能化、高知能化、高効率化、及び、生産性向上や便利さの向上等のために盛んに利用されています。これらのＩＣＴに関連する技術を安全機能の発揮に使おうと本書では提案をしています。現実的に、ＩＣＴの発展のおかげで、モノである機械設備、それを操作したり利用したりする人間、及びそれらを取り巻く環境やルールや規則、データベース等の組織が、デジタルデータを共有することで、協調して安全を実現することが可能になりつつあります。これを本書では、Ｓａｆｅｔｙ２・０として紹介しました。安全に関係している皆様、是非、自分たちの周りでＩＣＴ利用に挑戦してみて下さい。

　これらの技術は、今、発展途上にあり、積極的に挑戦することは、大変意義のあることです。しかし、こと人命に関わる場合には、ただ単に適用すればよいというわけではありません。却って、危険になる可能性があるからです。安全に新しい技術を導入するときに、忘れてはいけない視点があります。一つは、安全学からの視点です。安全には、体系的、包括的、統一的な観点から導入し、全体的な配慮と調和を大事にして欲しいということです。もう一つの視点は、そのＩＣＴの機器や仕組みを導入した場合の信頼性はどの程度か、故障をしたり不具合が生じたりした時に安全性は確保されるのかということです。これらが許容可能なリスクレベルにないならば、実際の導入は差し控えるべきです。安全においては最も大事な視点です。

本書で紹介してきた協調安全は、「和の安全」と呼べるのではないかと考えています。我が国の文化に大変に親和性があり、我が国から発信するに適した安全の考え方ではないでしょうか。

最後に強調したいことは、安全を確保するのは、結局は、人間の力に依存するという事実です。例えば、技術を開発し、適用するのは人間です。そして、技術にも限界があって対応できないことは必ず残ります。組織や制度や環境を設計し、運用するのも人間です。準備したものですべてに対応できないことがあり得るのもまた明らかです。リスクゼロはあり得ない現実の中で、災害ゼロを目指して努力するのは、結局はすべて人間の力に依存していることになるのです。この点を考えると、安全に関する教育、安全人材の育成がいかに大事であり、本質的であるかが分かります。安全の教育や学習について、本書が少しでもお役に立ち、読者にわずかでもヒントを与えることができたとすれば、誠に幸いであります。

本書は、中央労働災害防止協会の山前治芳氏の献身的なご尽力で完成したものであります。終わりに当たり、ここに深く感謝申し上げます。

向殿　政男

● 著者プロフィール

向殿　政男（むかいどの　まさお）

1970年明治大学大学院工学研究科博士課程修了、工学博士。現在、明治大学名誉教授、元理工学部長。主に情報学、安全学、論理学、特にその中でもファジィ理論、フェールセーフ理論、機械安全、多値論理の研究に従事。このほか、日本信頼性学会会長、日本ファジィ学会会長、私立大学情報教育協会会長、セーフティグローバル推進機構会長、及び日本学術会議連携会員、経済産業省製品安全部会長、国土交通省昇降機等事故調査部会長、消費者庁参与。電子情報通信学会、日本知能情報ファジィ学会、国際ファジィシステム学会（IFSA）各フェロー。

中災防ブックレット

Safety2.0とは何か？　隔離の安全から協調安全へ

令和元年5月30日　第1版第1刷発行

著　者　向殿　政男
発行者　三田村憲明
発行所　中央労働災害防止協会
東京都港区芝浦 3-17-12　吾妻ビル9階
〒108－0023
電話　販売　03（3452）6401
編集　03（3452）6209
表紙デザイン　デザイン・コンドウ
印刷・製本　㈱丸井工文社

乱丁・落丁本はお取り替えいたします。

ISBN978-4-8059-1868-5　C3060
中災防ホームページ　https://www.jisha.or.jp